# 爱上数学4

·加法和减法 2·

〔韩〕高秀珊娜 / 著　〔韩〕韩喆厚 / 绘　刘娟 / 译

云南出版集团　晨光出版社

可以看看原本有几张票，
最后剩下了几张，
这样就清楚了。很简单！

森林小镇的碧绿村要举办一场演唱会。

小动物们忙着卖票，从这个村跑到那个村。

怎样才能知道最后一共卖出了多少张门票呢？

万一和朋友聊天的时候，
一不小心忘了记呢？

一边卖票一边数数，
记下卖出了几张票，
不就可以了吗？

生活在森林小镇碧绿村的小松鼠生了重病。

小伙伴们都很担心他。

"过几天小松鼠就要做手术了。"

"听说手术费可不便宜呢……"

"我们想办法帮帮他吧！"

大家凑在一起，焦急地讨论着。

小羊想了想，说："不如我们来举办一场演唱会，为小松鼠的手术筹集资金吧！"

"演唱会？什么演唱会啊？"大熊猫问。

小羊耐心地给大家解释："小猴子擅长唱歌，天鹅会打鼓，大熊猫能弹吉他，我可以拉小提琴。咱们几个相互配合，就可以开一场演唱会啦！"

这个主意太棒了！大家都表示赞同。

从那天开始，小动物们每天都刻苦地排练，还一起做了演唱会的宣传海报。

今天，他们开始分成两组制作门票。

小猴子和天鹅高兴地说："我们做了 43 张票。"

"我们做了 55 张！"大熊猫和小羊数了数他们做好的门票说道。

"43 加 55 等于 98，我们一共做了 98 张票呢！"

想到马上就能帮到小松鼠，大家都感到很欣慰。

淡紫村

小动物们先在碧绿村卖票。卖完之后，他们来到旁边的淡紫村，大声吆喝起来："我们马上要举办夏夜森林演唱会啦。欢迎大家前来，和我们一起享受美妙的音乐！"

不过，卖票这件事可没有想象中那么容易，感兴趣的人比他们估计的要少得多。小猴子有点儿泄气，说："我们也没什么名气，谁会愿意花钱来看我们的演出呢？"

"没关系的，我们也卖出去了不少票呀。"熊猫说着数了数手里的门票，"还剩53张，所以我们卖出去了……"

大家都陷入了沉思。

小猴子率先开口了："一共有 98 张票，减去剩下的 53 张，就能知道已经卖出多少张门票了。"

"98 减去 53 等于 45。我们卖了 45 张，还剩下 53 张。剩下的票比卖出去的多，这可怎么办啊？"小羊有些着急。

这时，天鹅小心翼翼地提议道："要不我们去灰色村卖票吧？"

听到天鹅的话，大家都吓了一跳。碧绿村和灰色村的关系一直都不太好。

小猴子一边摆手一边说："不行不行，灰色村的动物们看上去就很凶，听说性格也特别野蛮！"

"可是，灰色村是个大村子，买票的动物肯定比其他村多。"天鹅努力说服大家。

最终，小动物们还是来到了灰色村。

他们四处张贴宣传海报，鼓足勇气向灰色村的村民介绍演唱会的情

况："这次演唱会是为了给碧绿村的小松鼠筹集善款，欢迎大家来看！"

最开始，他们几个都有点儿胆怯，声音也非常小。

但是，出乎大家的意料，灰色村的动物们竟然很感兴趣。

"这是帮助小松鼠的演唱会？是慈善演出呀，我肯定要去。"

"我本来就喜欢听演唱会。"

就这样，为小松鼠举办慈善演出的消息，像长了翅膀一样传遍了灰色村，门票卖得特别快。

"各位朋友，夏夜森林演唱会即将在碧绿村举办，欢迎大家光临！"

小动物们的干劲儿越来越足，声音也渐渐大了起来。

　　"看来，是我们把灰色村的动物们想得太坏
了。"小羊不好意思地说。

　　"是呀，没想到他们那么热情。"倒挂在树上的小猴
子也很兴奋。

　　"我们在灰色村一共卖出了 39 张票，还剩下几张呢？"

　　听到大熊猫的话，天鹅马上动笔计算。

　　"我们来灰色村的时候还剩下 53 张票，后来又卖出去 39 张，
53 减 39，等于 14。所以我们应该还有 14 张票。"

## 碧绿村和淡紫村

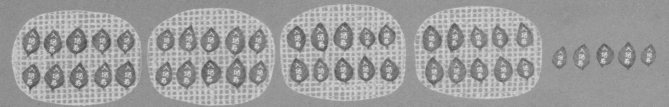

### 灰色村

一共卖出 45 + 39 = 84

20

"哇，真是太了不起了！那么，我们一共卖出去了多少张呢？"

小动物们把脑袋凑在一起，算了起来。

"碧绿村和淡紫村卖出去 45 张，灰色村卖了 39 张，45 加 39，等于 84！一共卖出去了 84 张！"

$$\begin{array}{r} 98 \\ -84 \\ \hline 14 \end{array}$$

小羊做事总是最仔细，她说："我们再来算一遍，确认一下对不对。"

"咱们一共制作了 98 张票，减去已经卖掉的 84 张，98 减 84，等于 14，没错，这下全部对上了！"

　　卖完票，小动物们赶紧回到碧绿村，紧锣密鼓地为演出做准备。

　　"我们一定要给观众们献上一场最精彩的演出。"

　　他们精心布置了舞台，把椅子摆放得整整齐齐。

　　为了让大家能顺利地找到演出场地，他们从村口开始，沿路在树上挂上了标识牌。

夏 夜 森 林 演 唱 会

演出时间快到了。

"我好紧张，万一出现失误怎么办。"小猴子偷偷往舞台下看了一眼，"哎呀，怎么这么多椅子都空着呢？"

"灰色村的动物们一个都没有来。"

"他们怎么能这样做呢？"

为准备演出拼尽全力的小动物们，瞬间变得闷闷不乐起来。

正在这时，灰色村的动物们气喘吁吁地跑来了。

"哎哟，快喘不过气来了，差一点儿就迟到了。我们叫上了明黄村的小伙伴一起，所以来晚了。"

果然，明黄村的朋友们跟在后面，从村口进来了。

"你们这群碧绿村的家伙，这么大的事，怎么能不带我们一起呢？这让我们很伤心呀。"

明黄村一共来了 14 个小动物。

这么一来，剩下的 14 张票全都卖出去了。

夏夜森林演唱会

29

现在，动物们都坐下了。

有的坐在椅子上，有的坐在树枝上。有的小鸟直接坐在了犀牛的角上，还有胆大的蜥蜴，坐在了野猪的膝盖上。

跟着妈妈一起来看演出的小鸭子宝宝，在妈妈怀里睡着了。

大家都屏住呼吸，翘首期待演出开始。

夏夜森林演唱会

演出开始了。

伴着天鹅的鼓点，大熊猫弹起了吉他，小羊拉起了小提琴。

在悠扬的伴奏声中，小猴子开始了他精彩的演唱。

原本坐在座位上的动物们，也情不自禁地站了起来，跟着音乐一起边唱边跳。

"这个演唱会实在太精彩啦！"

笑声和歌声，在夜空中传遍了整个村庄。

"明天我们一起把筹到的钱给小松鼠送去，希望他早日康复。"

"早日康复！"

小伙伴们紧紧地拥抱在一起。

## 让我们跟天鹅一起回顾一下前面的故事吧！

　　我和朋友们为了帮生病的小松鼠筹集手术费，准备了一场演唱会。碧绿村、淡紫村、灰色村和明黄村的动物们都买了演唱会的门票。我们一共卖出了多少张票，剩下多少张票，用加法和减法都可以算出来。掌握加法和减法实在是太有用了！后来，我和朋友们制作的 98 张票全都卖出去了，我们的演出也特别成功。

　　那么接下来，让我们深入了解下加法和减法吧。

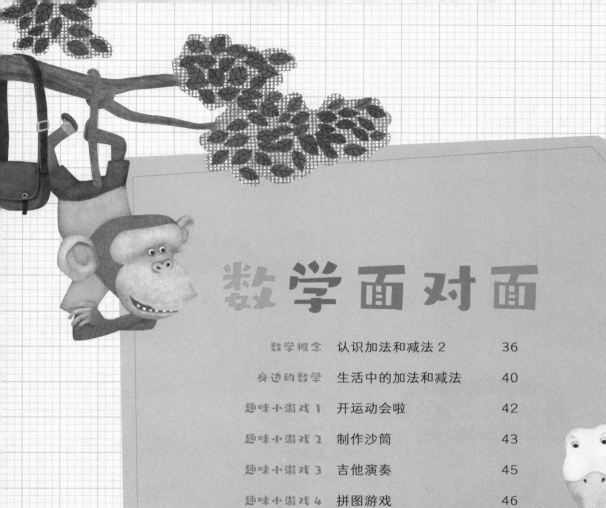

# 数学面对面

# 数学概念 认识加法和减法 2

我们日常买东西时，常会用到加减法。让我们通过下面的练习，来了解多位数的加法和减法吧。

我们在计算多位数的加法和减法时，需要掌握进位和退位的方法。下面就以打印机和地球仪的价格为例，来了解一下有进位的加法计算吧。

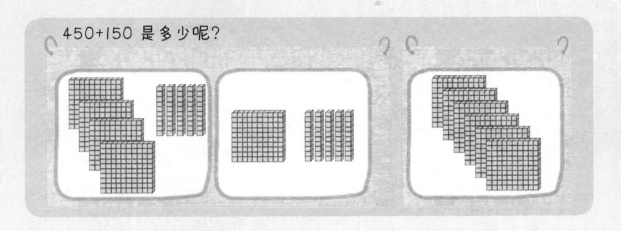

450+150 是多少呢？

我们将两个数的模型合在一起，会发现一共有 5 个百，10 个十。10 个十等于 1 个百。这也就是我们今天要学习的"进位"。

接下来，我们通过有退位的减法，来回顾一下小兔妈妈还剩下多少钱吧。

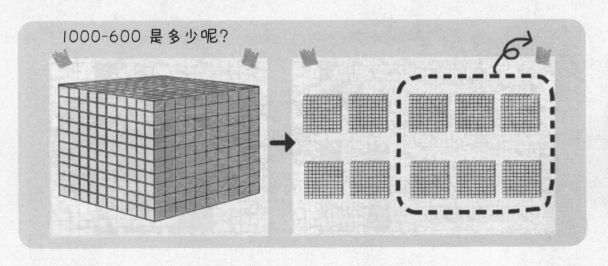

1000-600 是多少呢？

1000 由 1 个千构成，也就是 10 个百。从 10 个百中减去 6 个百，还剩下 4 个百。这就是我们今天要学习的"退位"。

刚才，我们用模型演示了加法和减法，现在让我们看看怎样用竖式进行加法和减法的计算。读读下面阿虎和小兔的话，分析一下用竖式解题时需要注意的地方吧。

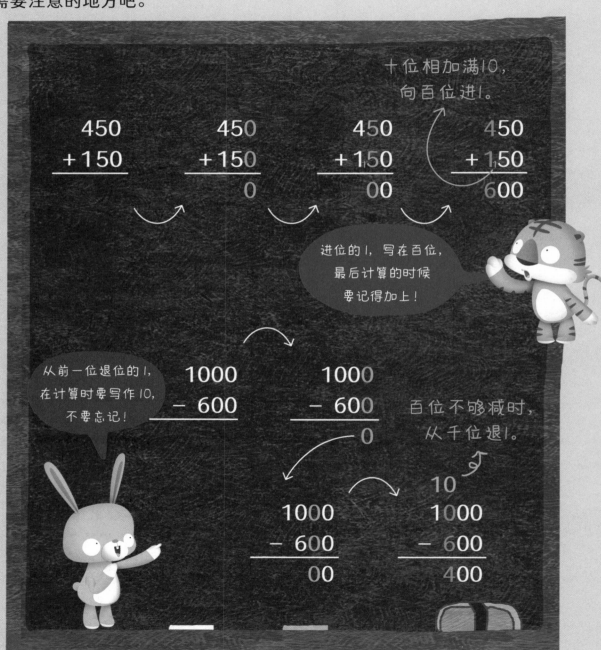

十位相加满10，向百位进1。

$$\begin{array}{r} 450 \\ +150 \\ \hline \end{array}$$
$$\begin{array}{r} 450 \\ +150 \\ \hline 0 \end{array}$$
$$\begin{array}{r} 450 \\ +150 \\ \hline 00 \end{array}$$
$$\begin{array}{r} 450 \\ +150 \\ \hline 600 \end{array}$$

进位的1，写在百位，最后计算的时候要记得加上！

从前一位退位的1，在计算时要写作10，不要忘记！

$$\begin{array}{r} 1000 \\ -600 \\ \hline \end{array}$$
$$\begin{array}{r} 1000 \\ -600 \\ \hline 0 \end{array}$$

百位不够减时，从千位退1。

$$\begin{array}{r} 1000 \\ -600 \\ \hline 00 \end{array}$$
$$\begin{array}{r} 10 \\ 1000 \\ -600 \\ \hline 400 \end{array}$$

除了以上两种方法，还有什么其他的方法吗？

算减法时，我们可以给减号两边的数，同时加上一个相同的数，算式的结果不变。比如，76和38分别加上2之后，就变成了78-40，这样计算起来会更简便。

在这个加法算式中，把56分解成50和6，先算60+50，再加上6，就可以了！

好奇心一刻

### 3个数的加法和减法，该怎么计算呢？

3个数相加，计算顺序不影响最后的结果。例如：1+2+3不管是从前往后算，还是从后往前算，最后结果都是6。但是，在计算3个数的减法时，被减数的顺序不能调换。例如，5-2-1等于几？如果从左边开始计算，那么5-2=3，再从3中减去1，结果是2。但是，如果变换一下顺序，先计算2-1，那么就是2-1=1，再从5中减去1，结果就变成了4。所以在减法中，计算顺序不同，结果也可能会完全不同。

# 生活中的加法和减法

身边的数学

现在你知道该怎么计算多位数的加法和减法了吗？接下来让我们了解一下，多位数的加法和减法在生活中的广泛应用。

 日常

### 记账本

小朋友都是怎么使用零花钱的呢？在这里，给你推荐一个管理零花钱的好办法——记账。我们把一个月内收到的零花钱和花掉的零花钱都记录下来，就能发现这个月攒了多少钱，或者花了多少钱，收支情况一目了然。除了能清楚地记录钱花在了哪里，记账本还可以帮助你更好地回忆生活。

## 社会

### 人口变化

新中国成立 70 多年来，庞大的人口总量为中国经济的腾飞提供了宝贵的人力资源。不过，由于育龄妇女人数的减少，以及人们婚育观念的转变，1991 年以后，我国人口增长率稳步下降。1981~1990 年期间，年均增长 1585 万人，而 1991~2018 年，我国人口年均增长 878 万人。两个数据作差得知，与之前相比，我国平均每年少增加 707 万人。

### 教育

高考

　　每年的 6 月 7 日到 10 日，通常是中国各地区高中生统一参加高考的日子。高考结束后，阅卷老师经过严肃、认真的判卷工作，评判出每一张考卷的分数。而一名学生的高考总成绩，就是他的各科试卷分数相加后得到的总分，这里就会用到多位数的加法。

　　高考后能报考哪所大学，是由自己的总分数和每所大学的录取分数线决定的。用自己的总分数与分数线相比，就能知道自己是否具有报考这所大学的资格。如果目标大学的分数线是 600 分，当你的总分数超过 600 分时，你就可以在高考志愿中填入这所院校。这时如果你想知道自己的分数超过这个分数线多少分，就会用到多位数的减法。

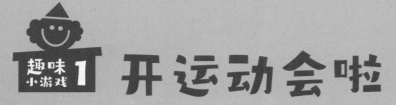

# 趣味小游戏1 开运动会啦

　　最近，几个村子的小动物们聚在一起，开了一场运动会。请你根据记分牌，将各个村子不同项目的得分相加，算出总分，准确地写到中间的得分板上，并圈出获得第一名的村子。

**碧绿村**

| 躲避球 | 棒球 | 接力 |
| --- | --- | --- |
| 40 分 | 90 分 | 70 分 |

**淡紫村**

| 躲避球 | 棒球 | 接力 |
| --- | --- | --- |
| 90 分 | 50 分 | 70 分 |

| 碧绿村 | 淡紫村 | 明黄村 | 灰色村 |
| --- | --- | --- | --- |
|  |  |  |  |

**明黄村**

| 躲避球 | 棒球 | 接力 |
| --- | --- | --- |
| 90 分 | 80 分 | 80 分 |

**灰色村**

| 躲避球 | 棒球 | 接力 |
| --- | --- | --- |
| 60 分 | 80 分 | 90 分 |

# 制作沙筒

沙筒是一种节奏型乐器，今天我们就来学习下沙筒的制作方法吧。先算出页面上减法算式的得数，剪下最下方的水果图案，根据它们背面的数字，把水果分别贴在对应的算式上，再按照下一页的制作方法制作出沙筒。

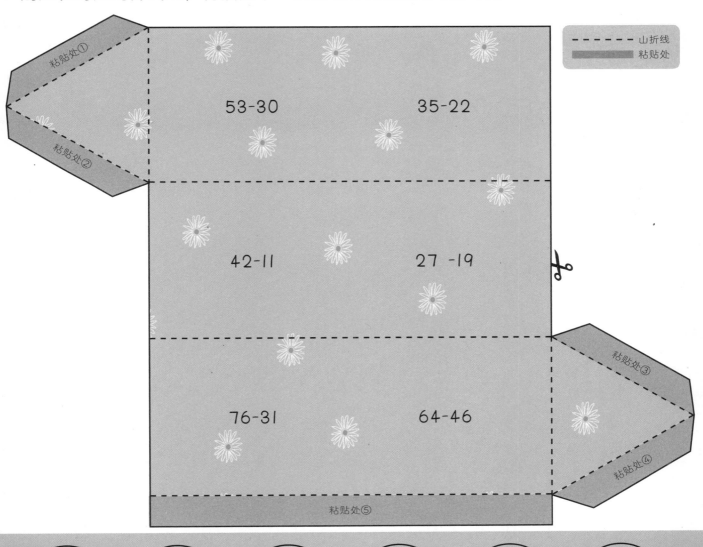

- - - - - 山折线
━━━━━ 粘贴处

粘贴处①
粘贴处②

53-30    35-22

42-11    27 -19

粘贴处③
粘贴处④

76-31    64-46

粘贴处⑤

**制作方法**

1. 沿着黑色实线把图纸裁剪下来，按照山折线折叠。
2. 给③、④、⑤处涂上胶水后分别粘贴，做成沙筒的外壳。
3. 放入一些大米或豆子，再把①和②也分别粘贴起来。
4. 上下或者左右摇晃，沙筒就会发出好听且有趣的声音了。

粘贴处⑤

粘贴处④

粘贴处③

粘贴处①

粘贴处②

8    23    45    I3    I8    31

# 吉他演奏

演出马上就要开始了，大熊猫正在努力地练习吉他呢。算一算页面上的加法和减法算式，根据答案和 提示 ，给大熊猫的衣服和吉他涂上对应的颜色。

提示　比 100 大 比 200 小的数　　比 200 大 比 300 小的数　　比 300 大 比 400 小的数

550-230

400-250

130+140

# 趣味小游戏 4 拼图游戏

我们把小动物们演奏乐器的场景做成了拼图。根据提示，每排和每列的数字之和都是 98，请在空白处填上正确的数字，并将对应的拼图块沿着黑色实线剪下来，然后贴到拼图上。

各横排的数字之和是98。

各纵列数字相加，也是98。

# 爬梯子

小猴子正在爬梯子，请帮助两只小猴子分别计算出加法和减法竖式，再沿着梯子分别画出找到正确答案的路线。

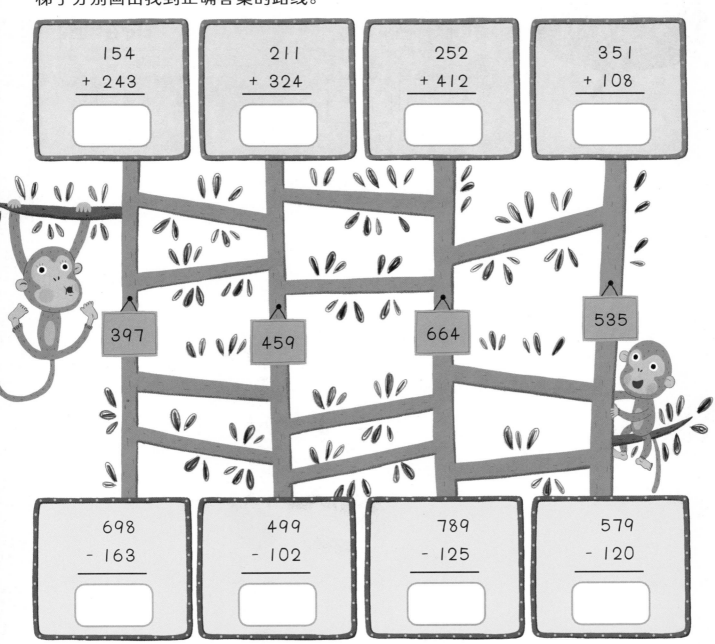

$$154 + 243$$

$$211 + 324$$

$$252 + 412$$

$$351 + 108$$

397 459 664 535

$$698 - 163$$

$$499 - 102$$

$$789 - 125$$

$$579 - 120$$

# 参考答案

根据统计结果，
哪个村子是最后一名呢？

42~43 页

44~45 页